FATCHI ENCYCLOPEDIA

肥志百科1

原來你是這樣的植物

A篇

肥志　編繪

時報出版

編　　繪	肥　志
主　　編	王衣卉
企劃主任	王綾翊
全書排版	evian
第五編輯部總監	梁芳春
董 事 長	趙政岷
出 版 者	時報文化出版企業股份有限公司 一〇八〇一九臺北市和平西路三段二四〇號
發行專線	（〇二）二三〇六六八四二
讀者服務專線	（〇二）二三〇四六八五八
郵　　撥	一九三四四七二四 時報文化出版公司
信　　箱	一〇八九九臺北華江橋郵局第九九信箱
時報悅讀網	www.readingtimes.com.tw
電子郵件信箱	yoho@readingtimes.com.tw
法律顧問	理律法律事務所　陳長文律師、李念祖律師
印　　刷	和楹彩色印刷有限公司
初版一刷	2023 年 1 月 13 日
初版二刷	2023 年 7 月 27 日
定　　價	新臺幣 450 元

肥志百科 1：原來你是這樣的植物 A 篇 / 肥志編繪. -- 初版. -- 臺北市：時報文化出版企業股份有限公司，2023.01
176 面；17*23 公分
ISBN 978-626-353-269-4(平裝)

1.CST: 科學 2.CST: 植物 3.CST: 漫畫

307.9　　111020342

時報文化出版公司成立於一九七五年，並於一九九九年股票上櫃公開發行，於二〇〇八年脫離中時集團非屬旺中，以「尊重智慧與創意的文化事業」為信念。

目錄

辣椒的原來如此

你知道**中國人**

最愛吃的蔬菜

是什麼嗎？

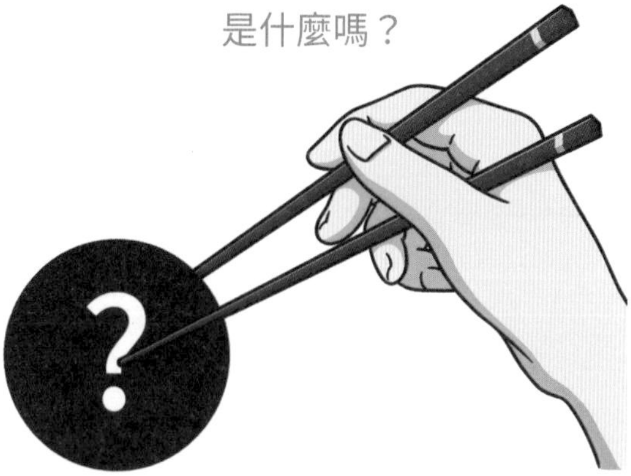

是**辣椒！**

是不是很驚訝？

中國蔬菜流通協會執行會長 2017 年透露：

辣椒已經成為

中國**最大**的蔬菜**產業**，

每年產值超過 700 億元！

700億+

咳咳……那麼，我們不禁要問，

辣椒為什麼會有這麼多**粉絲**呢？

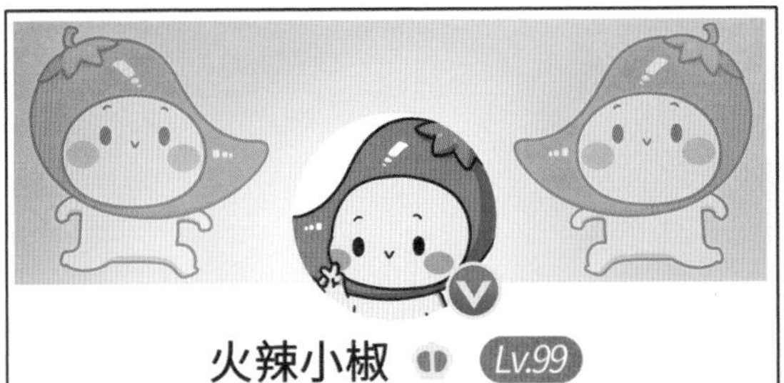
火辣小椒
Lv.99
不要因為我是一朵椒花而憐惜我~
302
按讚
99999999
粉絲
675
部落格

我們來從頭講起——

辣椒

最早生長在**中美洲**和**南美洲**。

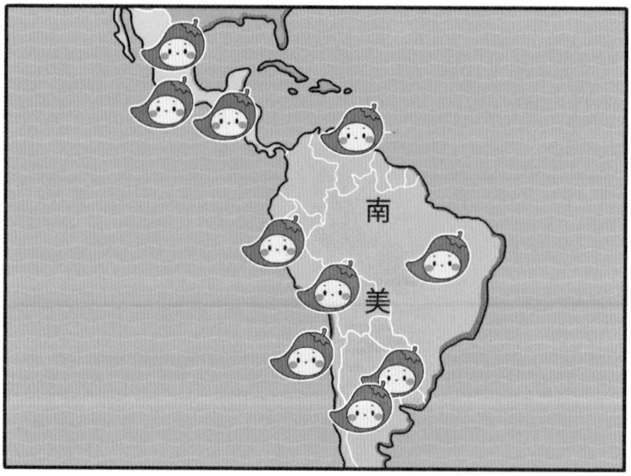

據《**大英百科全書**》記載，

在祕魯和墨西哥的**史前遺跡**中

就有辣椒的**蹤跡**！

換句話說，

人們在文字都沒有造出來的時候，

就懂得怎麼**吃辣椒**……

順帶一提，

辣椒屬於**茄科**，

「親戚朋友」們也都**超好吃**！

什麼**馬鈴薯**，

茄子，

枸杞……

咳咳……言歸正傳，
那麼，這種好吃的作物
又是怎麼**傳遍世界各地**的呢？

這就不得不提到**一個人**，

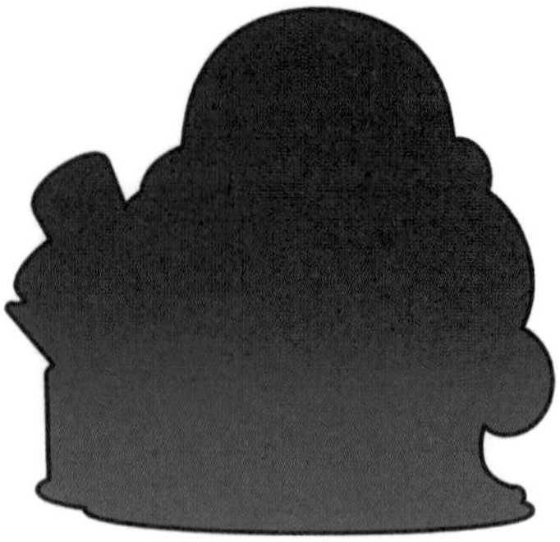

他就是**哥倫布**！

哥倫布

500 多年前（1492 年），
哥倫布出發**橫越大西洋**，

可惜他最終沒有到達**印度**，

倒是發現了**新大陸**。
（美洲）

當時的歐洲人對**香辛料**
很**感興趣**，

於是辣椒引起了他們的**注意**。

在**返程**的時候，

哥倫布就把辣椒**帶回**歐洲。

登陸歐洲後，

辣椒很快就受到了人們的**歡迎**！

一方面，
它好種又堅韌。

無論是**庭院**、**菜園**，

甚至**花盆**，都可以**種植**。

另一方面，
它不但有著可口的**辛辣味**，

還有**藥用價值**。

當時就有人在書裡**記載**，
辣椒不但能**溫暖身體**，

還能讓人**心情愉快**。

這麼優秀又罕見的「**外國貨**」，

自然具有很高的**商業價值**！

辣椒的原來如此

於是，辣椒最終
隨著歐洲**商人**的**貿易**
走向了**世界**各個角落……

當然！
其中就包含**中國**。

這一點
也**印證**在辣椒的**名字**上，

在傳入中國後，
辣椒被稱為**番椒**。

這就和
番茄、**番薯**的
「**番**」字一樣，

表示是「**外地人**」……

此後，

在短短的**400 多年**間，

辣椒迅速**超過**其他**本土**「辣味」，

（花椒、薑、茱萸、胡椒、芥辣）

成了**最受歡迎**的蔬菜！

那麼問題來了！

為什麼我們會這麼**喜歡辣椒**呢？

咳咳……

可能是因為

我們對**「痛」**上癮了……

科學家**研究發現**，

辣椒中含有一種

叫**「辣椒素**（capsaicin）**」**的物質。

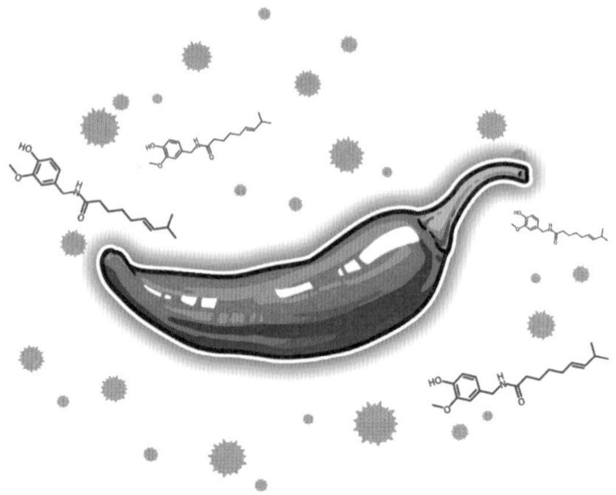

它並不會啟動**味蕾**，

所以**沒有**自己的**味道**。

但是呢……

辣椒素可以**產生**一種

灼熱的痛感。

我們人體**感覺**到痛的時候，

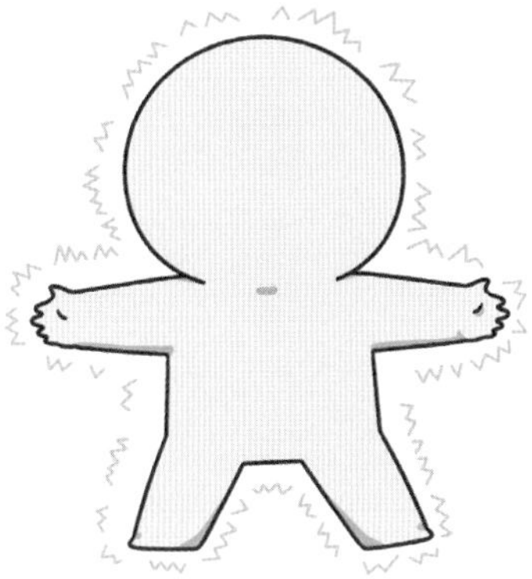

身體為了**安慰**我們，

就會**分泌**一種

叫**「腦內啡」**的物質。

這種物質可以讓我們**感覺**到
快樂和**幸福**。

所以簡單來講，
吃辣，就是**「又痛又爽快」**！

另外，
有科學家做了一個**實驗**，

他們將**辣椒素**
分別加入**鹽水**和**糖水**中，

讓志願者**品嚐**。

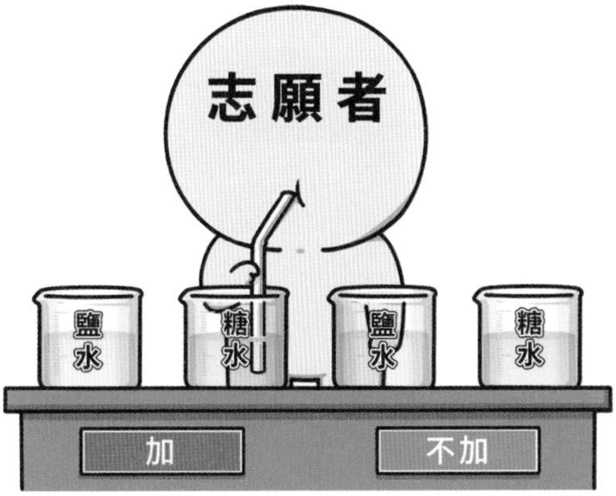

結果發現，

加過辣椒素的鹽水和糖水

嚐起來味道**更強烈**。

換句話說，

辣菜吃起來可能**更帶勁**！

所以你看在**中國**，

什麼**麻辣燙**，

腸旺鴨血，

水煮牛肉，

麻婆豆腐……

咳咳……

（流口水了……）

從**美洲**到**歐洲**，

再到**中國**，

辣椒充分**展現**了自己的**魅力**，

征服了世界！

當然也不愧是我們

華夏舌尖上的**傳奇**！

【完】

附錄

【椒中「叛徒」】

甜椒是辣椒中的一個特例，它經過變種後，不僅不辣，部分甚至還帶著些許甜味。所以比起「辣的辣椒」，甜椒則更多被當作類似白菜、茄子一樣的蔬菜來食用。

【弄巧成拙】

學術界有一種說法，辣椒為了不被哺乳動物吃掉，才「進化」出辣味，使哺乳動物吞食後產生體內被灼傷的痛感，然後知難而退。沒想到人類卻迷上了這種痛感，反而開始大量吃辣椒。

附錄

【死神辣椒】

目前世界上公認最辣的辣椒是「卡羅萊納死神」。它由美國的一家辣椒公司精心培育而來，吃下去可能導致人迅速流淚、流鼻涕，甚至噁心嘔吐、頭痛等，所以一般不建議食用。

【出師不利】

辣椒在中國的普及並非一帆風順。有種說法是，辣椒最先走海路由中國東南沿海登陸，但並未引起當地人的注意與興趣。直到傳入湖南、貴州等地區才受到歡迎。

附錄

【洋「中華辣椒」】

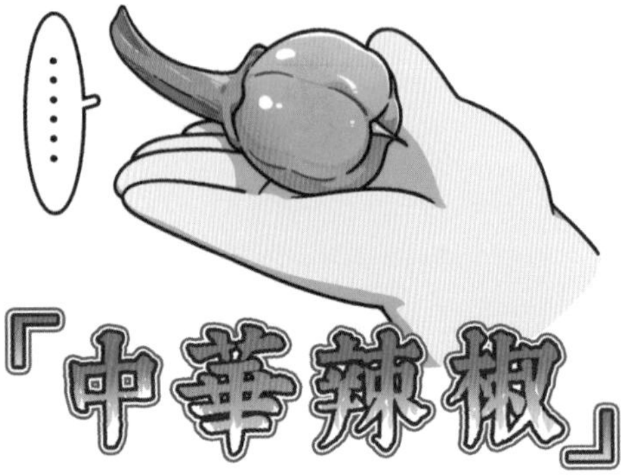

有一種黃燈籠椒被命名為「中華辣椒」，但它其實起源於美洲。這是當時地理知識不普及引起的誤會。1776 年，歐洲人到達美洲後，誤認為來到中國，便給在此地新發現的辣椒取了一個「中國名」，並沿用至今。

【紅到發火】

紅辣椒的色澤明亮、誘人源於其體內的紅色素，這也是當今世界最暢銷的天然色素之一。它不僅能用於食品中，達到誘發食欲的目的，還能加入口紅和指甲油中，調配出受歡迎的「辣椒紅」。

另外就是

辣椒是全球第一大調味作物，每天有數億人食用。但「辣」本質上是有「傷害意味」的灼痛感，怎麼還會有這麼多人愛呢？這可能跟一種叫「良性自虐」的心理原因有關。「良性自虐」指個體享受那些身體或大腦將之錯誤解讀為威脅的負面體驗。一旦個體意識到威脅並不存在，認知和身體反應的差異會導致令人愉悅的興奮感。放在辣椒身上，雖然「辣」很痛，但當人意識到它的傷害是「可控的」，「危險」與「安全」的交錯刺激就會讓人興奮。類似的體驗還有坐雲霄飛車、高空彈跳、看悲劇電影等。還有研究認為，「危險」越接近人類承受的極限，產生的愉悅感越強。

但要謹記，為快樂而盲目試探「底線」，後果可能很嚴重。例如：二〇一八年有報導稱一名男子挑戰號稱世界上最辣的「卡羅萊納死神」辣椒，兩秒鐘後頭和頸部就感到雷劈般的劇痛，被立即送進急診室治療。

肥志與小黃

四格小劇場

【第1話　正式登場】

傳說，
盤古開天闢地。
身體幻化成
世間萬物。
而最後殘存的
一點元神，轉世到了
一個小鬼頭身上。
嗯……就是
這個傢伙——

白菜的原來如此

當我們想**表達**
一個東西**很便宜**時，

我們往往會說——

沒錯，就是那個白菜……

那麼，

為什麼白菜會被

貼上**「廉價」**的標籤呢？

今天，

我們來跟大家**聊聊**——

我們**平時說**的白菜，

通常是指**大白菜**。

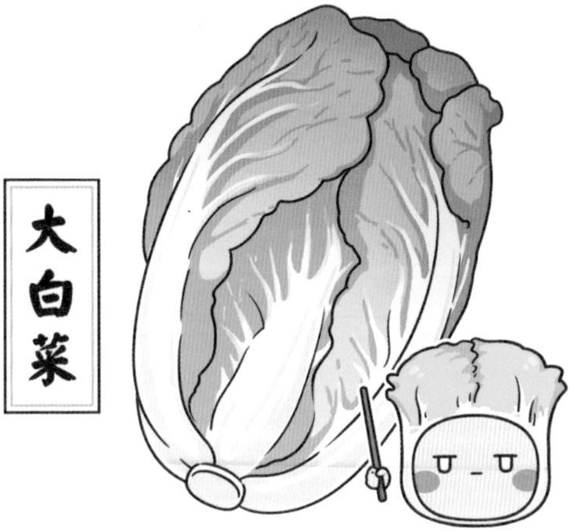

大白菜是**蕓薹屬**，

雖然聽起來覺得很**陌生**，

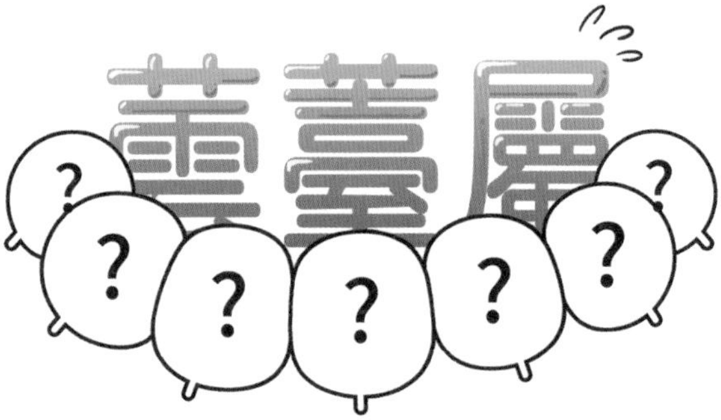

但其實當你走向**蔬菜攤**時，

有**一半**的蔬菜
都是這個**屬**的……

而大白菜
陪著人類的**歷史**
其實已經相當長。

有科學研究顯示，
白菜的**祖先**其實源自於**東歐**，

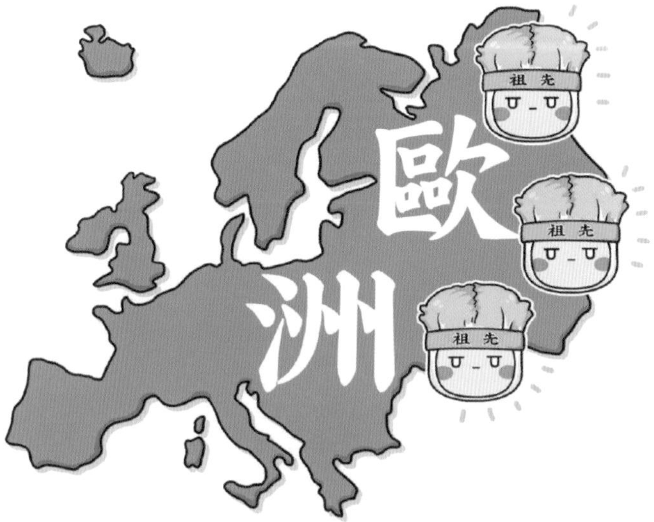

具體多久前出現的仍無定論，
但在距今 6000 多年的
西安半坡遺址裡，

第一號方形房子居住面以下發掘情形（由南向北）

考古學家就發現了**炭化**的白菜**種子**。

注：半坡遺址中的種子經過科學鑑定，是白菜或芥菜一類的蔬菜。

也就是說，在 **6000 多年前**
我們祖先的**菜單**裡

就有了「白菜」，

而且他們還發現
這個菜特別**「彪悍」**！

強大

宋代**《埤雅》**記載：

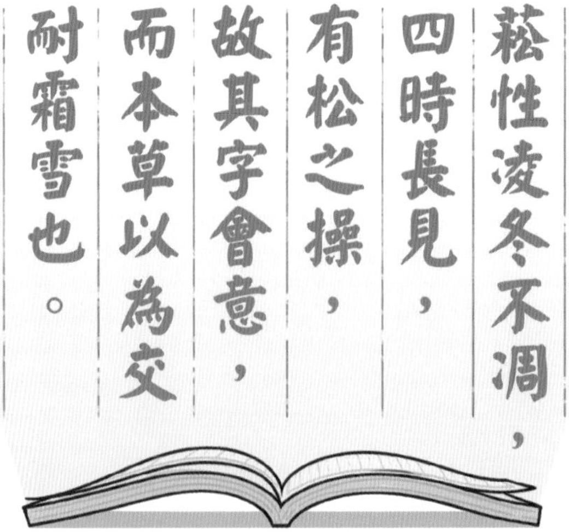
菘性凌冬不凋，
四時長見，
有松之操，
故其字會意，
而本草以為交
耐霜雪也。

裡面的菘就是指「白菜」。

因為白菜特別**耐寒**，

一年**四季**都能生長，

就跟**松樹**一樣，

故被稱為**「菘」**！

而且**「不怕冷」**的特性
還讓白菜得到了廣泛的**傳播**。

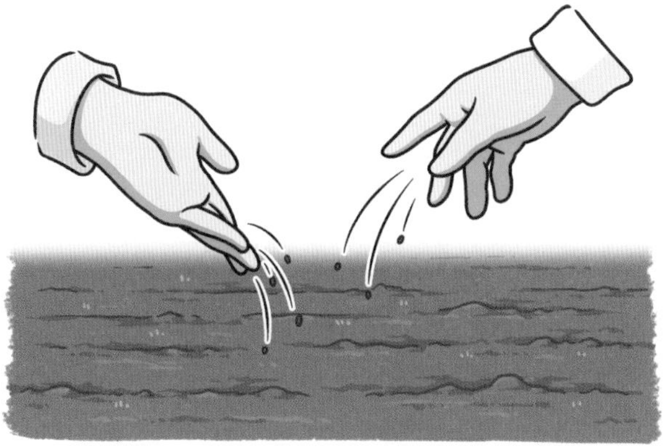

不過這時的白菜
還不是我們現在吃的白菜。

當時的白菜葉子是**散開**的，

我們吃的**「結球大白菜」**
到**明清**時期才出現。

皇上吉祥！

清朝那時，
已經有了**記載**結球白菜的**圖書**。

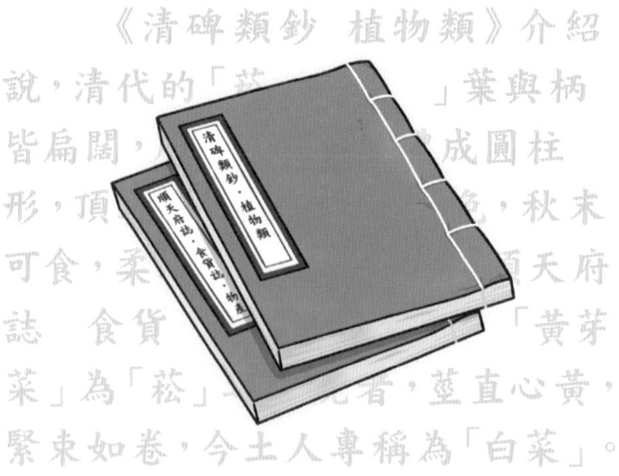
《清碑類鈔 植物類》介紹
說，清代的「菘
」葉與柄
皆扁闊，
成圓柱
形，頂
，秋末
可食，柔
順天府
誌 食貨
「黃芽
菜」為「菘」
者，莖直心黃，
緊束如卷，今土人專稱為「白菜」。
清碑類鈔．植物類
順天府誌．食貨誌．物產

這也意味著，
經過這麼長時間的**雜交培育**，

大白菜變得越來越**美味**！

甚至有人覺得它好**吃到**
可以跟江南的冬筍**媲美**，

給它取了個**「北筍」**的外號。

清代時，

有些地方的**貢品**就是白菜。

近代國畫大師**齊白石**先生

就是白菜**頭號粉絲**。

他在畫作**《白菜辣椒》**上就寫道：

《白菜辣椒》（齊白石繪）

「牡丹為花之王，荔枝為果之先，獨無論白菜為菜之王，何也？」

意思就是，
牡丹是花王，荔枝是果王，
憑什麼白菜不能是菜王？！

雖然沒給個**菜王**的稱號，
但白菜倒是**登上**過**國宴**。

開水白菜

就是它的**代表作**！

「開水」**並不是**我們平時喝的開水，

而是一鍋**高湯**。

先用**老母雞**、**鴨肉**、**豬排骨**、**火腿棒子**等

下鍋**熬煮**，

再用**豬肉蓉**和**雞肉蓉**

反覆**燉煮**，

得到**清澈如水**的高湯，

最終搭配上精選的**菜心**！

簡約而不簡單就是這個意思！

而且，

這麼**清淡鮮美**的菜，

其實是一道**川菜**！

川菜唷！！

果然川菜**妖嬈**、**夠味**……

所以，

雖說「白菜價」特指**便宜**，

但其實這也是**「國民蔬菜」**

特有的**「榮譽」**！

白菜確實是

我們最**親切**的蔬菜，

不斷**培育開發**，

它也遍布**各地**，

被稱為中國種植**面積最廣**的蔬菜，

從南到北，
出現在每個**家庭**的**餐桌**上，

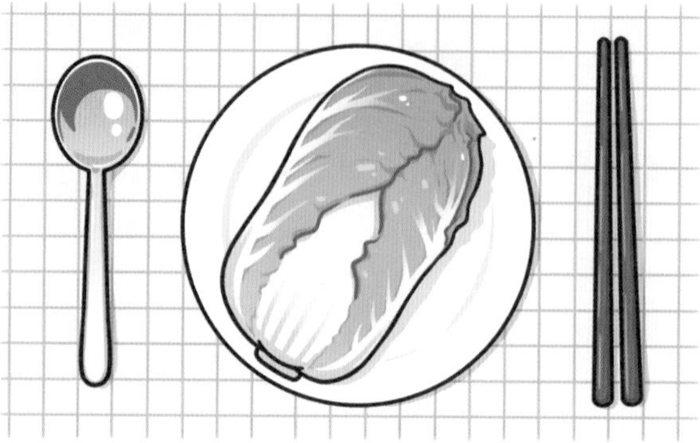

幾千年來，
既是**普通人**的家常，

也是**達官貴人**的最愛，

甚至還能被稱為**國家**的**代表**！

這樣和民生
緊緊相連的**「好夥伴」**，
「白菜價」又怎樣呢！

【完】

附錄

【白菜「迷弟」】

中國古代不少文人墨客非常喜愛白菜。例如：劉禹錫認為沒吃上晚秋的白菜是人生一大憾事，蘇東坡則說白菜的味道能與羊肉、熊掌媲美，簡直將白菜捧到極致。

【蘿蔔白菜】

俗話說：「蘿蔔白菜各有所愛。」不過如今已經有了兩全其美的選項。科學家利用接枝技術，將白菜幼苗「種」到蘿蔔幼苗上，長大後便能收穫一株上面是白菜、根部是蘿蔔的「二合一」植物。

附錄

【太空白菜】

白菜因為生長快、營養高、口感好等優點，被選入太空飛行員的菜單中。大白菜的種子還被送上了國際太空站，據說有六棵白菜已經在太空中被順利地培育長大。

【愛吃辣椒的白菜】

白菜是「愛吃辣」的植物。有研究顯示，用低濃度辣椒植株的提取物浸泡大白菜的種子，能夠激發種子的活力。這樣一來，不僅可以提高白菜種子的發芽率，還能縮短發芽時間。

附錄

【白菜招財】

在中國民間，白菜因諧音「百財」，被賦予了招納百財的寓意。如今，仍然有許多商鋪擺放雕刻成白菜的工藝品，以此求得一個生意興隆、財源滾滾的好兆頭。

【玫瑰白菜】

中國研發了一種新型的白菜，兼具食用和觀賞兩個功能。這種白菜的菜葉酷似一朵盛開的黃玫瑰，十分美觀。與一般的白菜相比，它富含大量的葉黃素和類胡蘿蔔素，更加營養。

另外就是

為什麼人們會用「白菜價」來形容價格便宜？這大概跟白菜的特性以及白菜對人們生活產生的影響息息相關。

首先，白菜類蔬菜往往喜溫又耐寒，在大部分地區都能生長。根據資料，全國播種大白菜、小白菜等廣泛，在民眾常吃的蔬菜中占比很高，重要性不言而喻。其次，與其他蔬菜相比，白菜產量高、成本低，而且儲存時間還特別長。例如：冬季儲存的大白菜至少可以放到次年四月左右上市。因此，在其他蔬菜因季節等因素而產量受影響時，白菜往往能「保底」，滿足人們對蔬菜的基本需求。民間甚至有一句俗語「種一季，吃半年」，說的正是這個道理。

所以，總體而言，因為味道美、數量大、價格低，白菜往往成為「物美價廉」的生動例證。而「白菜價」也被用來形容一件物品有價值，但價格卻相對便宜、實惠的情況。

肥志與小黃

四格小劇場

【第2話　奇怪的包裹】

可可的原來如此

初戀，

是苦中帶甜的……

那麼，**有哪些**食物

也是苦中帶甜呢？

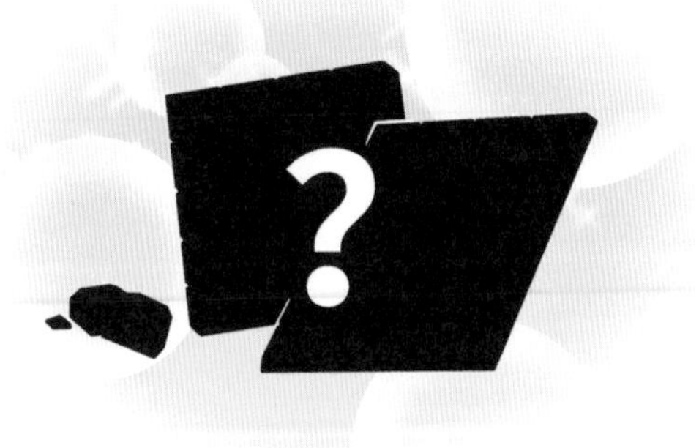

沒錯！

那就是**巧克力**！

作為一種甜品，
它口感**香濃絲滑**，
令人陶醉。

但你有沒有好奇過
它的**原料**是什麼呢？

是一種名為**可可豆**的種子。

這種神奇的作物

最早出現在中美洲和南美洲，

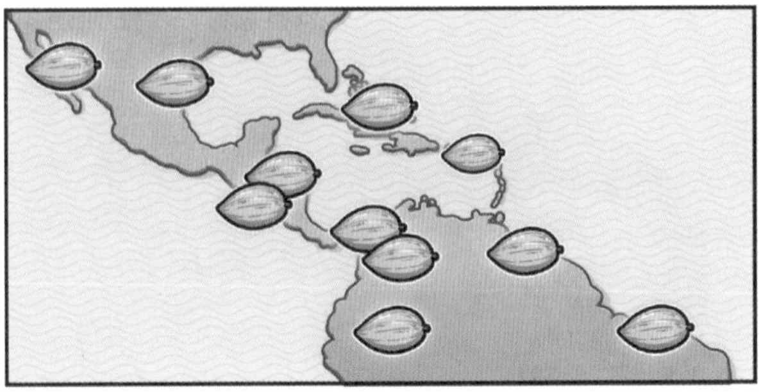

果實其實長在**樹幹**上，

吃掉果肉後才能獲得可可豆。

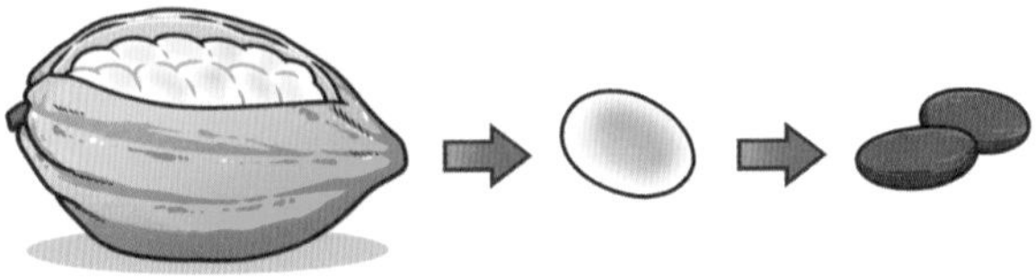

大概在 **4000 年前**，

大概在4000年前

中美洲和南美洲的朋友們就知道
怎麼將可可果**做成巧克力**。

不過那時的巧克力還不是**塊狀**的，

而只是一種**飲品**。

在**馬雅人**的眼中，
可可豆是**神的食物**，

所以只有他們的**貴族**才有資格吃，

而且吃的時候

還會加上**各種調料**……

咳咳……

例如：**辣椒**……

不過巧克力的美味

一開始**並不是**所有人都認可。

例如：早期登陸美洲的**西班牙人**。

他們甚至覺得巧克力

是**牲畜**吃的東西……

不過……

他們倒是拿可可豆**當錢用**。

例如：1 粒**可可豆**
可以**換** 1 顆**番茄**，

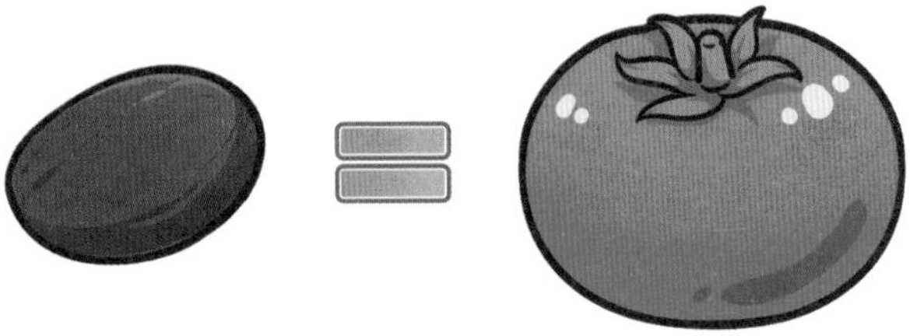

或者 100 粒**可可豆**
則可以**換**一隻**母火雞**。

然而……
巧克力的**美妙**，
你以為是那麼容易逃過的嗎？

沒過多久，

西班牙人也**愛上了**這種食物，

還開發了**新的**巧克力**製作方法**。

例如：

把辣椒之類的奇怪調料**去掉**，

改加了**糖**和**肉桂**之類的。

經過**改良**的巧克力變得**更加美味**！

在西班牙人的帶領下，
整個歐洲都愛上了巧克力……

從此，

巧克力美食變得越來越**豐富**，

甚至出現了**巧克力肉餅**……

是，我不愛吃，
但也別吃我呀！

而隨著時代的發展，

巧克力的**涵義**變得**不一樣**了。

例如：在關於**情侶的節日**裡

送巧克力

就成了一種**示愛**的象徵！

這種**說法**是怎麼來的呢？

據說可能是一種叫

「苯乙胺（PEA）**」**的物質，

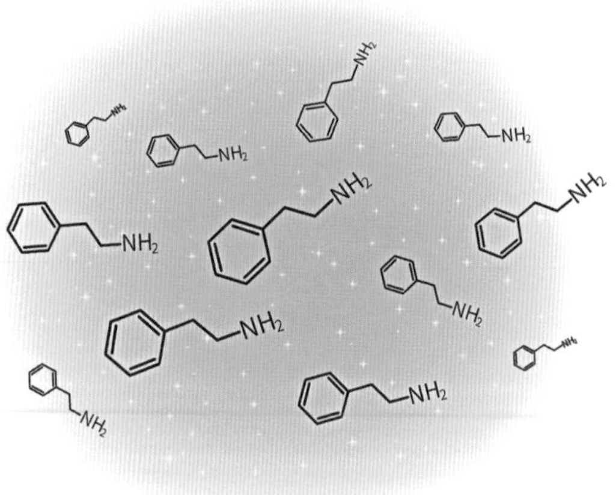

它可以讓人體產生

「戀愛的感覺」。

巧克力裡面倒是**含有**這種物質，

不過呢……

當苯乙胺作為食物**吃下去**的時候，

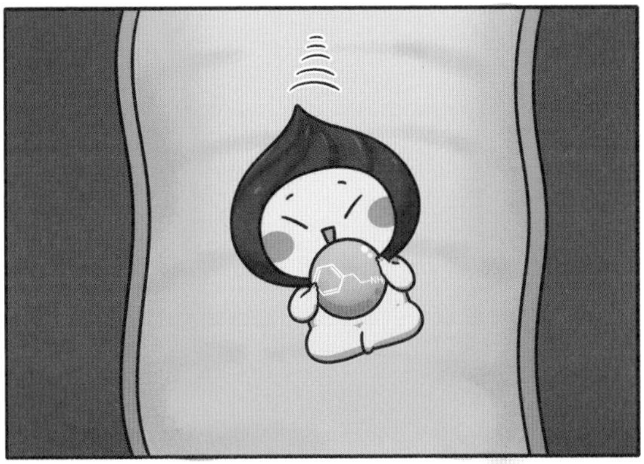

它**很快**就在我們的身體裡

被**分解**了，

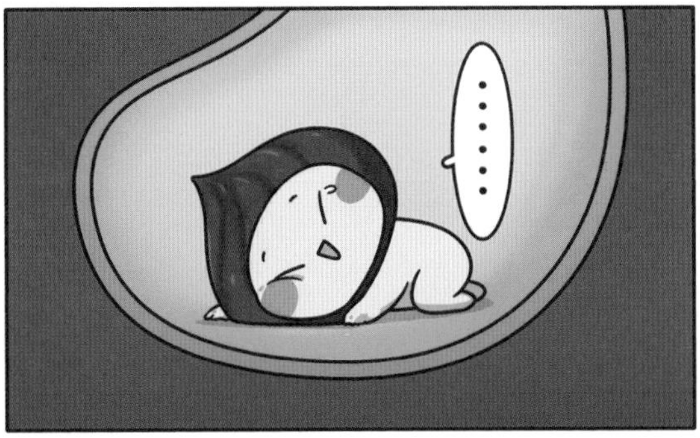

所以……根本**不能**發揮到什麼作用……

說到底，

巧克力與愛情

只不過是**「商業手法」**。

不過美味是**毋庸置疑**的！

肥志百科・植物A篇

無論是

堅果巧克力，

巧克力冰淇淋，

還是**巧克力火鍋，**

都能讓吃的人**心情愉悅**！

回顧巧克力 **4000 年**的**歷史**，

從**神的食物**

到如今我們**日常的美味**，

它一步步**走下神壇**，

卻也一步步**征服世界**。

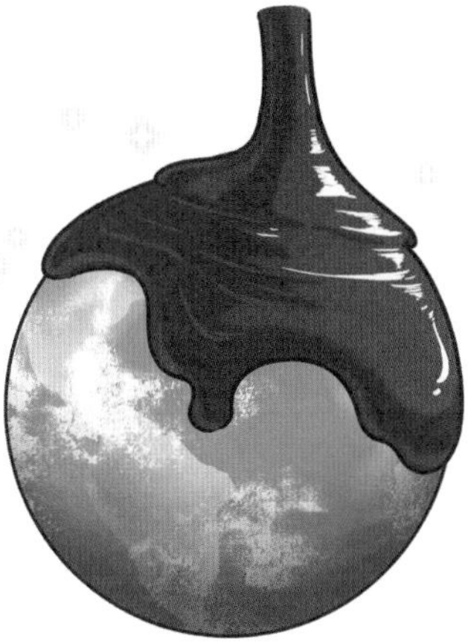

黝黑與香濃……

誰又能拒絕這份**美妙**呢？

【完】

附錄

【嬌生慣養】

可可樹是一種「嬌貴」的植物，一般生長在南北緯 20 度之間、海拔 30-300 公尺、年降水量不少於 1000 公釐的地方。此外，還必須土壤肥沃，少曝曬、少大風天氣，否則難以存活。可見種植可可是件多麼費心費力的事。

【入口即化的祕密】

巧克力能入口即化，是因為在製作過程中加入了可可脂。可可脂是從可可豆中提煉出的一種天然油脂，它的熔點剛好在 34-38°C之間，這樣巧克力在室溫中能基本保持固態，而放進人的嘴裡又能融化。

附錄

【貓狗殺手】

貓、狗等動物是不能吃巧克力的。因為巧克力中含有可可，而可可中則有一種叫可可鹼的物質，這種物質具有能破壞動物的神經系統的毒性，貓、狗等一旦攝取就很可能有生命危險。

【重生之樹】

古代的中南美洲人非常敬重可可樹。由於可可樹不能遭受曝曬，往往長在高大樹木的陰影之下，這讓他們覺得可可樹與黑暗、死後的地下世界有關聯，而自己祖先死後會重生為可可樹。

附錄

【神聖的可可】

學者根據考古證據推測，古代中南美洲的人將可可視為與血液、心臟同等珍貴的東西，不但在祭祀中會將它供奉給神明，還會在婚禮上交換喝可可飲品，以此來表示結婚雙方的血液融合在一起了。

【短命植物】

在商人的眼中，可可樹是一種「短命」的植物。因為可可樹長到 25 歲左右時，果實產量減少，品質逐漸下降，也就沒什麼經濟價值了。這時，他們往往會種植新可可樹而拋棄那些老樹。

另外就是

可可豆香氣濃郁，回味綿長，而且營養豐富。它富含有抗氧化作用的多酚，以及軟化血管、降低患糖尿病風險的黃烷醇。不過，這種來自大自然的饋贈得來並不容易，因為可可樹對生長環境的要求非常高。

它幾乎只生長在赤道兩側南北緯度二十度以內的熱帶地區。理想的氣候條件是年平均溫度在攝氏二十三至二十五度之間，降水量為一千五百至二千五百公釐。由於強風會影響可可樹的生長，所以人們在種植可可樹時，還需要在它周圍種上橡膠樹、核桃樹或棕櫚樹來擋風。

不過，嬌弱歸嬌弱，可可樹很會利用其他生物幫助自己生存繁衍。例如：可可樹的根能和菌根真菌結合為一種叫「菌根」的共同體，利用真菌幫助自己順利吸收土地裡的水和無機鹽。可可樹還能結出一些不能發育的莢果，這些莢果腐爛後能吸引搖蚊，而這種搖蚊恰好又是可可最好的花粉傳播者。

肥志與小黃

四格小劇場

【第3話　是你嗎？】

為什麼……會有一隻小雞？
你說誰是小雞！
啊，盤古大人呢？
在哪裡？
我明明感受到了他的存在……
??
?!
欸？不會是你吧?!

香菜的原來如此

最多人**討厭的蔬菜**……

是什麼呢？

可能是——

在一直以來的**網路**非正式**調查**中，

香菜**穩坐首位**！

討厭香菜的人

可以說**數量龐大**！

但同時，

喜歡香菜的人

也同樣**人多勢眾**！

雙方至今**爭論不休**……

▶那為什麼◀

香菜如此**集寵愛與辱罵**

於一身呢？

其實，

關於香菜的**「爭論」**

不僅僅發生在中國，

它……

簡直是**世界性**「戰爭」！

在 **7000 多年前**，
香菜就已經**開始**有人喜歡。

流傳至今，**世界各地**
就有了許多**放香菜**的美味。

例如：
馬來西亞魚頭米粉、

日本香菜天婦羅、

墨西哥酪梨醬……

（原材料有香菜）

甚至還有**江湖傳言**，

可樂的**祕密配方裡**……

都有香菜！

而除了做美食，

香菜還被拿來**當藥用**。

不僅用於**抑制細菌**繁殖，

《一千零一夜》裡

還記錄了香菜

治療「不孕不育」的故事……

是欺負我書讀得少嗎 ?!

反正**香菜黨**對它的愛
讓香菜突破了**「口服」**的狀態。

「駭人聽聞」的
甚至還有香菜香水，

香菜沐浴露……

香菜的原來如此

這……

簡直就是想讓人**成為一棵香菜**啊！

而另一方面，

香菜黑對於香菜的恨同樣強烈。

例如：香菜的**學名**

叫 Coriandrum sativum，

它跟一個**古希臘詞 kóris** 有關，

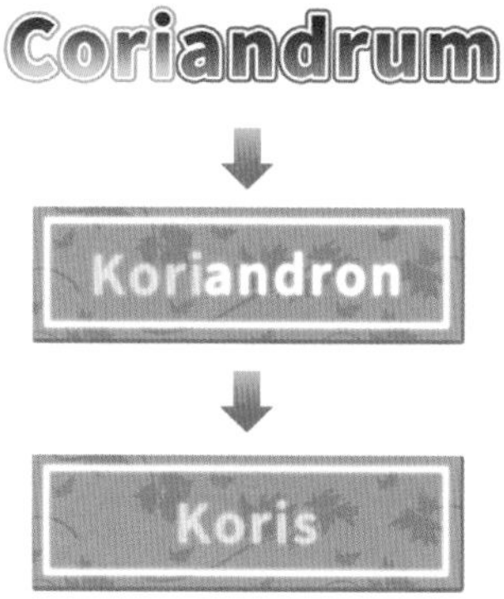
Coriandrum
Koriandron
Koris

而 kóris 這個詞就是指一種**臭蟲**……
（我估計取名字的那個人一定很討厭香菜！）

kóris

這些人甚至因為討厭香菜
而做了個**網站**……

這種東西
怎麼吃得
下去！

上面寫了一堆**罵香菜**的詩……

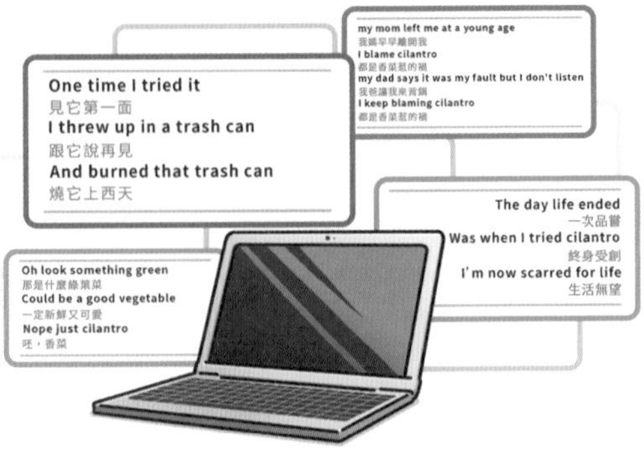
my mom left me at a young age
我媽早早離開我
I blame cilantro
都是香菜惹的禍
my dad says it was my fault but I don't listen
我爸讓我來背鍋
I keep blaming cilantro
都是香菜惹的禍
One time I tried it
見它第一面
I threw up in a trash can
跟它說再見
And burned that trash can
燒它上西天
The day life ended
一次品嘗
Was when I tried cilantro
終身受創
I'm now scarred for life
生活無望
Oh look something green
那是什麼綠葉菜
Could be a good vegetable
一定新鮮又可愛
Nope just cilantro
呸，香菜

反正就是恨不得

要告訴全世界：

香菜難吃!!

那麼問題來了，

為什麼小小的**一棵草**

爭議這麼大？

WHY

有學者推測，
這可能是**基因**的「鍋」。

舉個例子，

是不是有些**公認很難聞**的氣味，
但你……卻很**喜歡**？

例如：**汽油味、**

工業酒精味、

火藥味……

沒錯！

對氣味喜好的不同，

就是因為我們的**嗅覺**

受基因的**控制**。

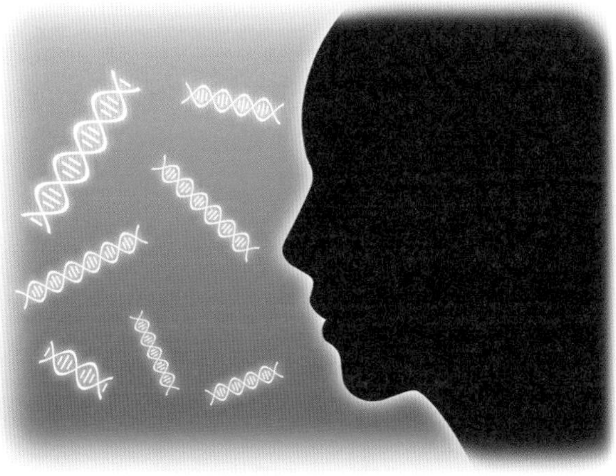

而對香菜的喜好

也同樣是這麼個**道理**。

美國科學家做了這樣的**研究**：

他們**調查**了 2 萬多人
對於香菜的**看法**，

又**研究**了這些人的**基因**。

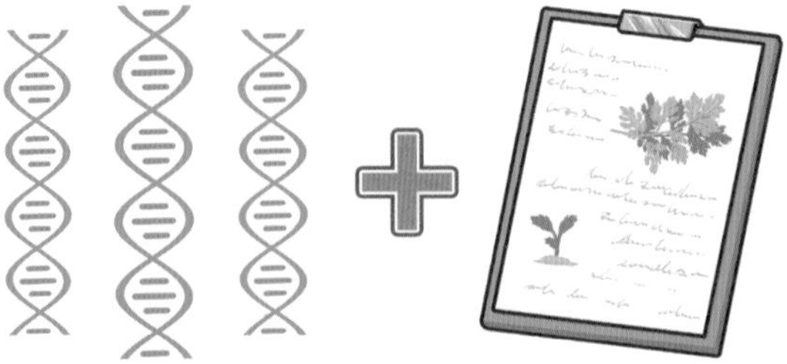

實驗發現，
這些人因為控制嗅覺的**基因**不同，
聞香菜的**感受**也不一樣。

所以，生活中
有的人聞著香菜很**香**，

有的聞著像**肥皂**，

有的則聞出了**泥巴味**，

有的甚至還聞出了**臭蟲味**……

不過……

討厭香菜的人

不一定就一輩子討厭。

因為

人們的**飲食習慣**

除了由基因控制外，

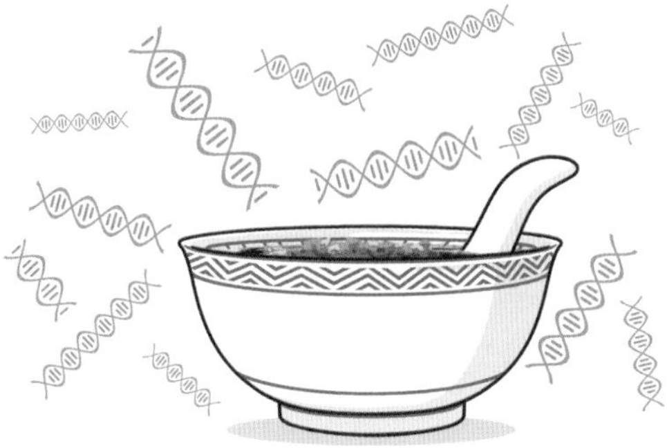

也跟**環境**有關。

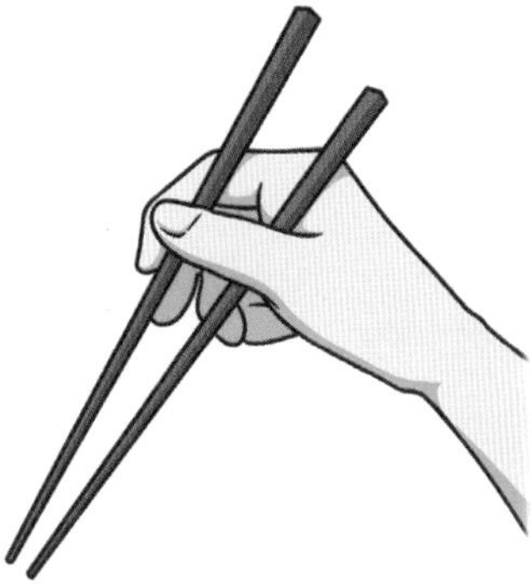

例如：某知名「美食」**作家汪曾祺**

就曾對外**號稱**自己**什麼都吃**，

但其實他**私底下**卻不吃香菜……

可到某次飯局上，
朋友剛好給他上了一大盆
涼拌香菜！

正所謂自己吹的牛
哭著也不能吹破……

只能吃了！

結果這一吃……
竟然**領悟到**了香菜的**美味**！

從此只要是吃**涮羊肉**，
他就**瘋狂**下香菜……

總體而言，

作為一種有爭議的蔬菜，

…
…
…
…
…

香菜獲得多少**辱罵**，

就有多少**寵愛**……

我只想做一棵安靜的香菜。
TV

但它**無須改變**自己，

做自己

因為**不同**的只是我們。

很多東西都需要鼓起勇氣去**嘗試**，

擁有**包容**的心態，

才能發現**新的天地**，對嗎？

【完】

附錄

【天王賜名】

香菜跟葡萄、胡蘿蔔一樣由外面傳入，最初叫「胡荽」。據說十六國時期，胡人石勒（大趙天王）稱霸北方，因為不滿這個「胡」字，就將胡荽改名為原荽，再演變為如今的「正式中文名」芫荽。

【魅力無限】

考古發現，香菜在西元前1300 多年的埃及就已經被發現和使用，它甚至是古埃及法老圖坦卡門的陪葬品之一。此外，在古希臘和古羅馬美食中，香菜也有一席之地。

附錄

【哮天犬傳奇】

香菜的來歷，還有個神奇的民間故事。傳說周王伐紂時兩軍激戰，楊戩帶著哮天犬來助陣。混戰中哮天犬被敵軍打死，可因為它是仙犬，毛髮竟然長成一種可供人吃的菜，就是香菜。

【香菜酒】

除了做菜、入藥，香菜還能釀酒。它被用於釀造比利時風味白啤酒，在啤酒出鍋前5-20 分鐘時加入香菜。短暫的烹煮能保證芳香恰好被鎖在酒裡，讓酒的口味更加美妙。

附錄

【以味克味】

蒜香二人組

大蒜在被切開或碾碎之後會產生一連串反應，形成濃厚的蒜味。但奇妙的是，切大蒜時撒點香菜似乎能抑制這種味道，吃大蒜後嚼香菜也可以幫助清新口氣。

【香菜溫泉】

日本的「香菜粉」究竟有多愛香菜呢？他們拿它來洗澡！日本大阪的朝日溫泉每個月有兩天是「香菜溫泉日」，顧客能徹底浸泡在充滿香菜的溫泉水裡，這究竟是怎樣的體驗……

另外就是

香菜是很健康的蔬菜。每一百公克香菜所含的維生素A約為人體日常所需的四二%，維生素C占日常所需的二七%。如此優秀的蔬菜為何讓一部分人吃出肥皂和臭蟲味的呢？

人的鼻子裡有大概四百種嗅覺感受器。當一種氣味進入鼻子時，會啟動不同的感受器，幫助大腦識別不同的氣味。二〇一二年，美國學者對一萬四千多名志願者進行了實驗調查。結果發現，討厭香菜的人很可能跟嗅覺感受器基因 OR6A2 出現變異有關。這種基因所控制的感受器本身對醛類的味道特別敏感。恰巧的是，香菜、肥皂以及臭蟲在受到攻擊時放出的氣體裡都含有大量的醛類化合物。一旦 OR6A2 出現變異，攜帶這種基因的人就會認為香菜含有和肥皂或臭蟲相同的味道，自然就討厭香菜了。不過，科學家們也承認目前還未掌握嗅覺感受器的全部祕密。關於香菜變「臭菜」的謎題還有待進一步研究揭曉。

肥志與小黃

四格小劇場

【第4話　小黃】

唔……原來我是盤古轉世啊。
嗯……具體來說你只是盤古大人的元神宿主而已。
那你呢？
我是一隻鳳凰！
……

檸檬的原來如此

說起**酸**，

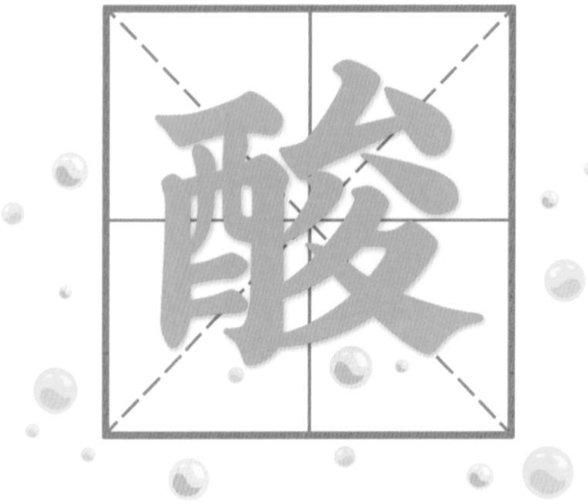

你一定會想起這種**水果**——

沒錯！

就是**檸檬**！

說起檸檬，

我們都很**熟悉**。

它不僅氣味**清新**，

長得也很**可愛**。

那麼——

檸檬是**怎麼來的呢**？

坦白說，

不知道……

但可以**肯定的是**，

它，是一個**「混血兒」**！

在檸檬所在的**柑橘屬大家庭裡**，
水果們的關係**極其混亂**，

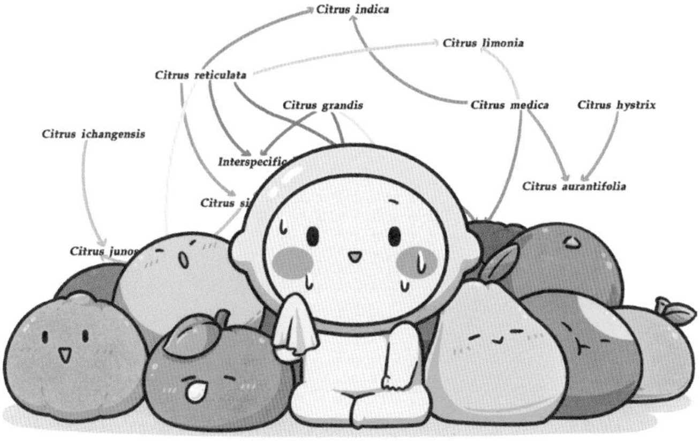

所以這麼**多年過去**了，
各個物種間是**怎麼進化**來的，
仍然**搞不清楚**……

不過呢，
倒是有一些相對**主流的說法**。

有研究認為，
最初是由**橘子**和**柚子**
雜交出了**酸橙**，

然後再由**酸橙**和**枸櫞**

雜交出了**檸檬**。

咳咳……

反正不管它是怎麼來的，

檸檬確實**走進了**我們的**生活**。

而且它還有一個**重要**的身分……

那就是

維生素 C 的代言人！

不管是**維生素 C 飲料**，

還是**維生素片**，

都很喜歡**蹭**檸檬的**熱度**，

搞得檸檬就等於**維生素 C** 似的……

那麼，

檸檬的維生素 C 含量真的是

蔬果之最嗎？

咳咳，其實**不是**……

生活中**很多水果**的維生素 C **含量**

都比檸檬高……

例如：**芭樂**

每 **100 公克**含有**維生素 C**

奇異果

每 **100 公克**含有**維生素 C**

而我們**檸檬**呢？

每 100 公克檸檬（去皮）只有……

所以……

檸檬是怎麼成為**維生素 C 標誌**的呢？

這跟**一個人**有關，

他是**詹姆斯·林德**。

(James Lind)

詹姆斯·林德

林德

出生於英國的一個**商人家庭**，

呃……但他卻成為了

英國**皇家海軍的醫生**。

18 世紀，**歐洲**的**航海**事業
已經取得**巨大的突破**。

之前有哥倫布**發現新大陸**，

還有麥哲倫**環球航行**成功。

檸檬的原來如此

海上貿易更是讓各國

賺得**口袋滿滿**！

然而，在這樣一個欣欣向榮的**行業中**

卻有著一個**「惡魔」**……

那就是

壞血病！

得了這種病的**患者**
有可能**會死**……

這種病給**航海業**帶來
極其嚴重的**影響**。

據說，

船隊中因為**壞血病死亡**的人數

比戰死的還要多。

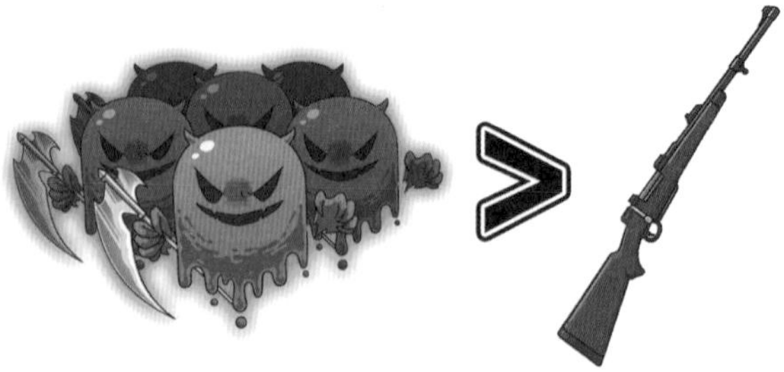

這樣的**情況**

自然**引起**了林德的**關注**。

為了**治療**這種病，

他設計了一個**試驗**。

他將 12 名**患者**分為 **6 組**，

每一組**嘗試一種**
當時流行的**「江湖偏方」**。

最終他**發現**：

服用了**檸檬跟橘子**的患者

竟然**康復神速**！

於是**林德**將這個發現

記錄在一本**治療壞血病**的書中。

後來經過**科學的發展**，

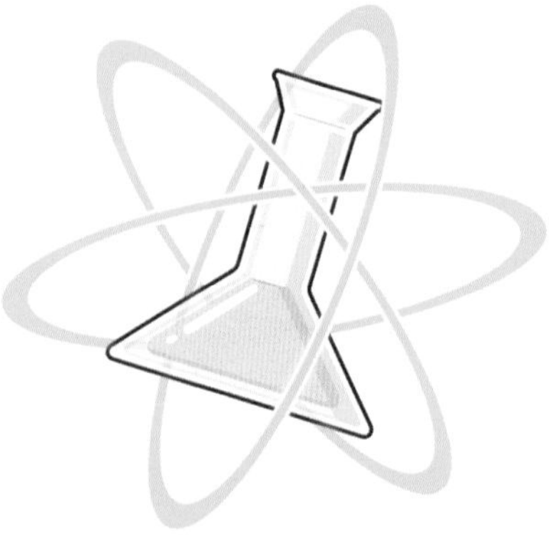

人們才**搞清楚**：
原來是檸檬裡的**維生素 C** 發揮了**作用**。

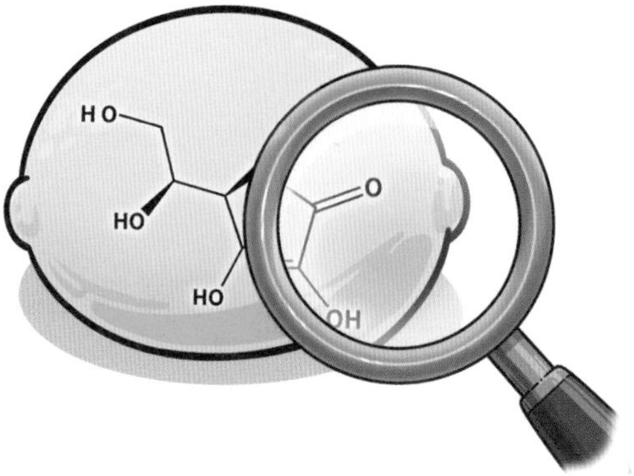

檸檬和維生素 C 之間的**「等號」**
很可能……就是**這麼來的**。

到現在，
除了用維生素 C **治病**、**保健**，

檸檬在生活中也非常**常見**。

例如：檸檬**香水**、

檸檬**沐浴露**……

作為水果，

在飲食領域更是**受人追捧**！

吃炸雞可以擠點檸檬，

做甜品也可以加點檸檬。

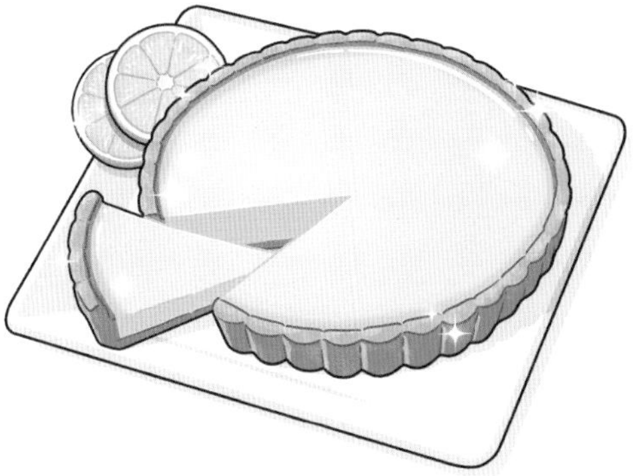

尤其在**中國**，

生產檸檬最多的

四川省資陽市安岳縣

甚至搞出了**檸檬宴**！

據說已經有 **100 多道**
不同的檸檬菜品，

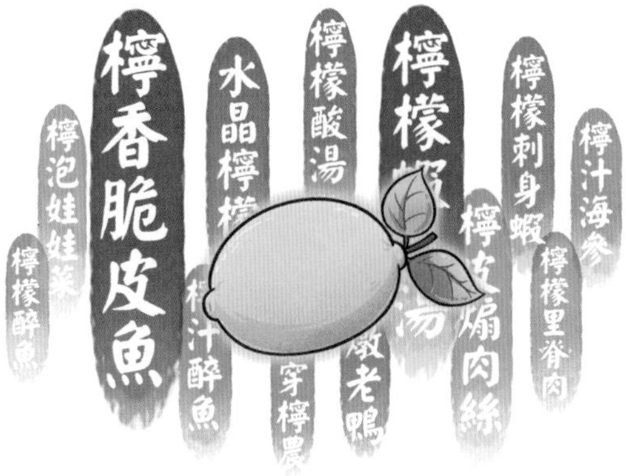

例如：

檸檬雞豆花、

檸檬娃娃菜、

檸香排骨

等等。

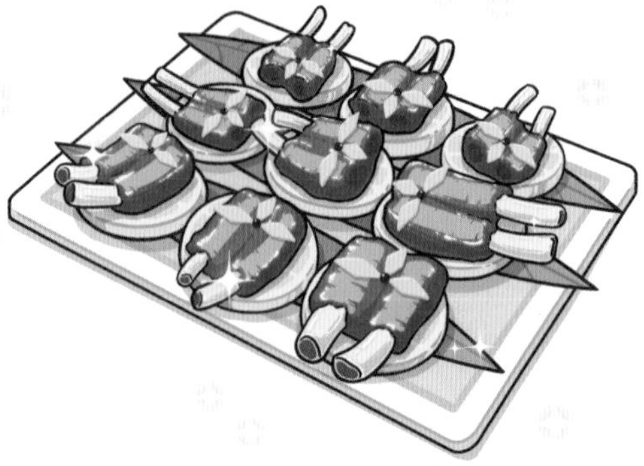

可以說，

檸檬已經是**水果界**人人都愛的

「國民小清新」了！

從**最初**拯救海員的**妙藥**，

到**現在**

跨足洗護、飲食**各方面**，

檸檬在生活中的**地位難以動搖**。

【完】

附錄

【以廢治廢】

檸檬渾身是寶，有著多種用途，不僅檸檬本身可以泡水喝，做飲料和調味料，或精煉成薰香精油，被「榨乾」後剩下的檸檬皮等殘渣由於結構疏鬆且具有能吸附髒東西的成分，所以還能清新空氣甚至治理汙水。

【周遊世界】

檸檬的起源和傳播一直眾說紛紜，較為普遍的說法是：檸檬原產於中國南部和印度東部，由阿拉伯人傳播到歐洲南部，後來又因為地理大發現，被哥倫布帶到了美洲，檸檬由此遍及全球。

附錄

【萬能果膠】

檸檬皮中可以提取出檸檬果膠。它天然無毒、安全性高，不過提取的技術要求高，目前能用於製作果凍、優酪乳和軟糖，以及做冷飲食品中的穩定劑。現階段正進行更深入的研究，運用在航太、醫藥領域中。

【明日之星】

歐洲、日本的科學家調查發現，食用檸檬等柑橘類水果越多的人，患癌比例越小。經大量實驗證明，檸檬中的檸檬苦素具有抑制癌細胞生長的巨大潛力，如能順利提取和運用它，或許會取得抗癌研究的巨大進步。

附錄

【強力去汙】

檸檬酸是檸檬中提供酸味的一種物質。除此之外，它還有強效剝離汙漬、黑色素，以及沉澱金屬離子的作用，因此被廣泛用於洗滌產品中。這也是生活中洗衣液和洗潔精等常有檸檬味的原因。

【檸檬料理】

因為檸檬有著怡人的香氣和爽口的酸味，所以人們常用檸檬和肉食搭配，以起到提鮮解膩的效果，由此誕生了許多美食，例如：檸檬魚、檸檬鴨、檸檬牛排等。

另外就是

檸檬雖然是個「來歷不明」的傢伙，但檸檬的「江湖地位」不容小覷。法國有一個小鎮叫芒頓，因為盛產美味又優質的檸檬，被譽為「法蘭西的珍珠」，享譽世界。當地人還會在每年二月舉行檸檬節來慶祝檸檬大豐收。

在我們中國，檸檬同樣大受歡迎，約自宋代開始栽種。檸檬不僅能吃，還有很高的藥用價值。例如：中醫認為檸檬能「清熱解毒，化痰止咳，健脾和胃」；現代研究發現檸檬能強化皮膚代謝，降低膽固醇，預防糖尿病併發症，其提取物甚至有抑制癌細胞生長的功能。截至二〇一七年底，中國的檸檬需求量達到了七十一．八萬噸。大量的需求帶動了整個產業的發展。二〇一九年九月，世界檸檬產業發展峰會在四川資陽舉行，中國、法國、美國等世界檸檬主產國共同發表了《世界檸檬產業綠色發展宣言》。相信隨著人類研究的深入，檸檬的祕密終會被一步步解開，給人們帶來更多的驚喜。

肥志與小黃

四格小劇場

【第5話　任務】

話說你是來幹什麼的？
我們鳳凰一族也是盤古大人身體幻化出來的。
所以元神在哪，我們就有義務守護它。
而且只有元神隨宿主平安成長……
我們一族才不會消失。
也就是說，我要給你幸福！
褓姆?!

馬鈴薯的原來如此

在 **2016 年**的一場節目裡，

日本組織了一次
「國民零食」大選舉，

結果發現，
前十中竟有**一半**……都跟**馬鈴薯**有關！

而在飲食文化豐富繁榮的**中國**，

中華

喜歡馬鈴薯的人也是**一大把**！

狼牙馬鈴薯!!
……
醋溜馬鈴薯!!
馬鈴薯餅!
馬鈴薯燉牛腩!

那麼，

人見人愛的馬鈴薯到底是

怎麼**「煉成」**的呢？

馬鈴薯起源於**南美洲**，

和**番茄**、**茄子**一樣，
都是**茄科茄屬植物**。

可**不同**的是，
人家是**果實**，

而**馬鈴薯**……

其實是埋在地裡的**「塊莖」**。

大約 **7000-8000 年**前，

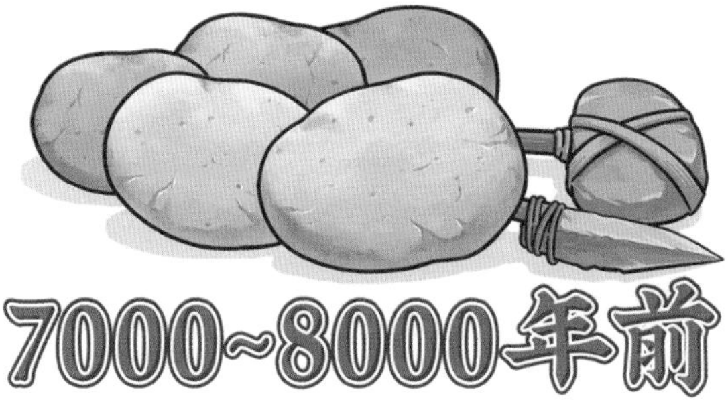

生活在安第斯山脈的**印第安人**

首先**察覺**了這個**祕密**。

他們發現這種**土巴巴**的東西……

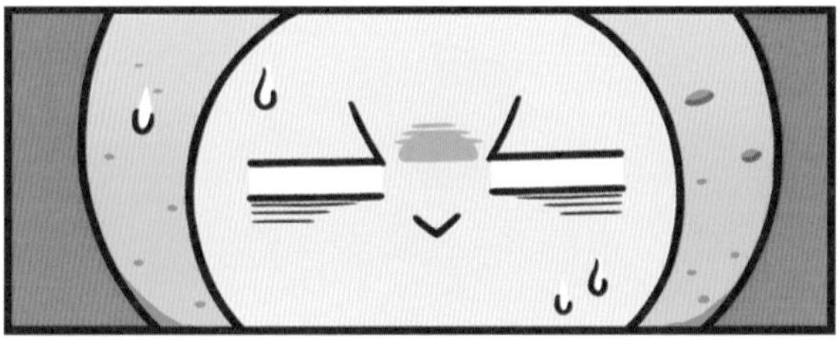

不但**可以吃**，

似乎還特別**有飽足感**。

於是，在他們不懈地**努力**下，

印第安人就成為了
人類中**最早**的馬鈴薯**種植專家**！

不僅靠馬鈴薯**養活**了大量的**人口**，

還建立起了

印加帝國這樣富饒的國家！

於是乎，

人們因為**感恩**於馬鈴薯的神奇，

給它取了個**偉大的名字**——

那麼，作為**南美**的**本土**植物，
馬鈴薯又是怎樣**走向世界**的呢？

這就要從**大西洋**的**另一頭**說起——

15 世紀末到 16 世紀初，
歐洲開啟了**大航海時代**，

來到南美洲**殖民**的**西班牙人**

西班牙

在當地**淘金**之餘，

順手把馬鈴薯**帶回**了**歐洲**的家鄉。

在此之前，
歐洲人**從來**沒見過
這種**奇怪**的植物，

雖然有**少部分**人**吃過**，
但**大部分**歐洲人還是很**嫌棄**馬鈴薯……

首先，在歐洲人看來，
印第安人是**落後的代表**，

所以他們覺得
印第安人吃的馬鈴薯
大概也**不怎麼樣**。

其次，他們覺得
馬鈴薯是**地下挖出來**的東西，

相比**沐浴**著陽光的**穀物**，

這玩意兒

怎麼能放心地**入口**呢！

可憐的馬鈴薯在歐洲**受盡**了**冷眼**，

眼看著就要**永不翻身**……

這時，**轉機**出現了！

這就是**愛爾蘭人**！

由於**山地眾多**又**偏寒多雨**，

愛爾蘭人一直**種不出**農作物來，

難種

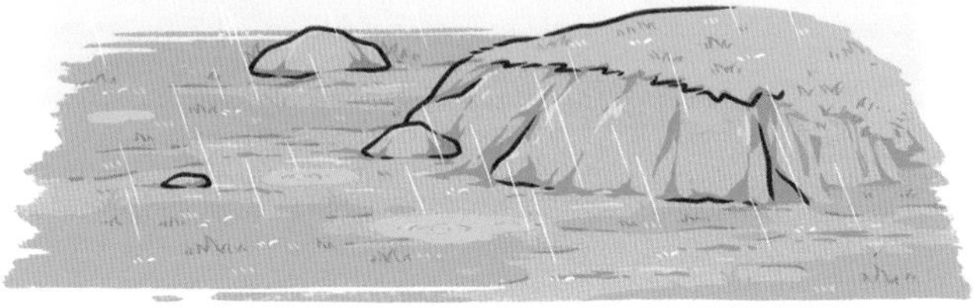

而剛剛好，
馬鈴薯卻**非常適合**在這種環境種植。

於是，餓了幾輩子的愛爾蘭人
開始**瘋狂種植**馬鈴薯。

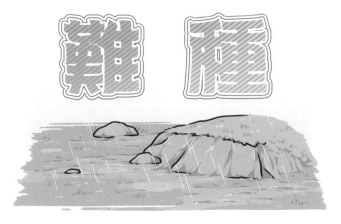

在用力耕種了**兩個多世紀**後，

愛爾蘭

歐洲人驚奇地**發現**，

愛爾蘭的**人口**竟然**增加**了近 4 倍！

而 90%的人幾乎**只靠馬鈴薯**

就可以**供養**！

有了這樣的**正面示範**，

想要解決糧食問題的國家

開始**改變**對馬鈴薯的**態度**。

像普魯士的**「馬鈴薯國王」**

腓特烈大帝，

腓特烈二世
Frederick II

英國的經濟學鼻祖**亞當・斯密**，

亞當・斯密
Adam Smith

他們都紛紛**呼籲**人們

放下對馬鈴薯的**偏見**。

最終在各國**不懈**的努力下，

馬鈴薯終於登上了**歐洲人的餐桌**！

順帶一提，
傳說腓特烈大帝
為了讓農民**相信馬鈴薯**是個**寶貝**，

親自種了不少**馬鈴薯**當誘餌，

農民趁夜就**偷馬鈴薯**回去吃，

這才使大家相信**馬鈴薯真的好吃**！

無論如何，馬鈴薯現在已經是

歐洲許多國家的**主食**。

而經由**後人**的**傳播**，

馬鈴薯也走遍了**世界各地**，

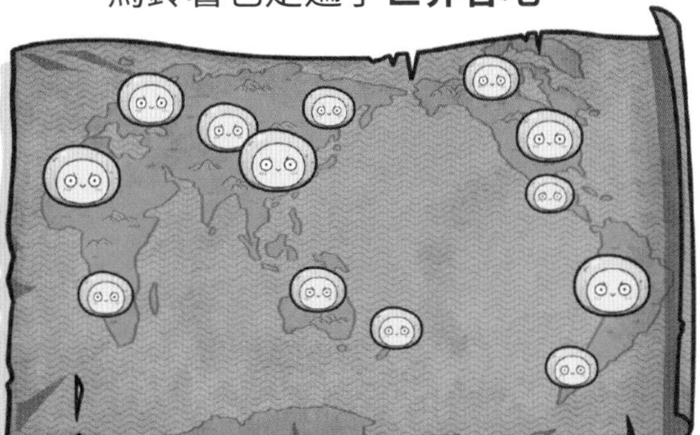

成為**全人類**共同的**財富**！

按照

聯合國糧食及農業組織（FAO）的說法，

馬鈴薯已經是**世界第四大**糧食作物，

（僅次於玉米、小麥、大米）

除了富含**澱粉**，

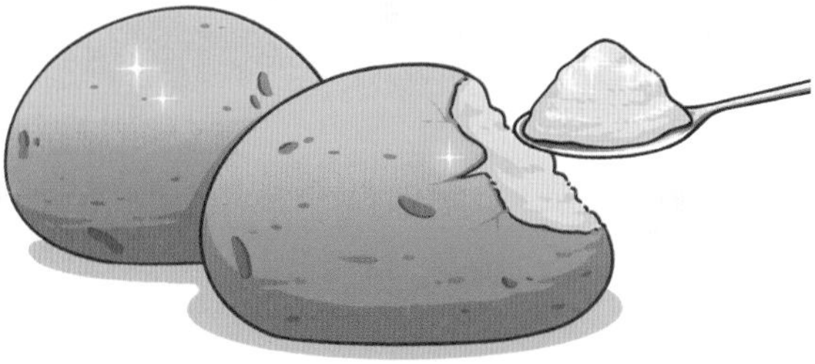

還含有豐富的**維生素**和**礦物質**。

如果你再**仔細研究**，
還會發現**馬鈴薯**的作用**遠不止如此**，

除了能加工成**各式美食**，

還能用來**釀酒**、

（威士忌、伏特加）

製作**紙張**、

輔助**印染**，

甚至應用於高鐵、航空的艙體材料。

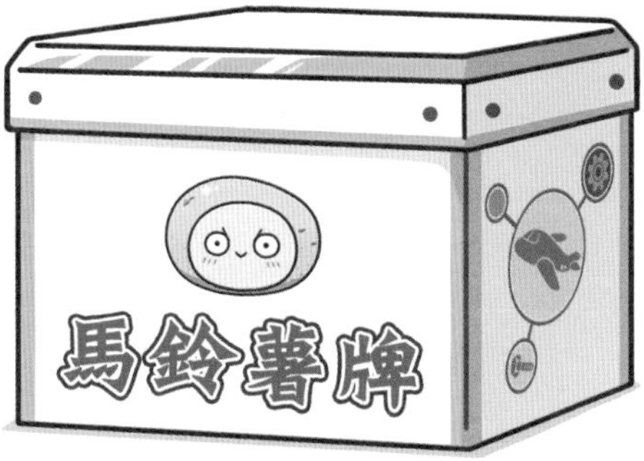

就像它在**歷史上**
一次次做到的那樣，
馬鈴薯帶給人類的**驚喜**還在**繼續**。

雖然有過**挫折**，
但這種**低調又神奇**的植物

又有誰**會不喜歡**呢？

【完】

附錄

【你的名字】

馬鈴薯剛到歐洲的時候，沒有統一的名字。義大利人叫它地豆，法國人叫它地蘋果，德國人叫它地梨子……而剛傳入中國時也有很多名字，例如：廣東、廣西叫它荷蘭薯，湖北叫它洋芋，山西叫它山藥蛋等。

【真香定律】

作為殖民者，西班牙人很早就知道馬鈴薯可以吃，但因為覺得馬鈴薯水準低，所以只肯把它給奴隸做食物。然而，僅僅過了幾十年，這些殖民者就抵擋不住馬鈴薯的誘惑，紛紛把它擺上餐桌。

附錄

【龍葵素】

馬鈴薯雖好，但要注意腐爛、發芽或者變綠的馬鈴薯不能吃。因為這樣的馬鈴薯裡含有大量有毒的龍葵鹼（一種生物鹼），食用後會使人出現咽喉發癢、頭暈、腹痛、嘔吐等中毒症狀，嚴重時甚至致命。

【敗也馬鈴薯】

愛爾蘭靠著馬鈴薯成功，但也因為太過依賴馬鈴薯釀成了慘劇。1845-1852 年，愛爾蘭的馬鈴薯因為「晚疫病」(Late blight) 而大規模歉收，加上缺少其他作物，導致超百萬人死於饑餓和霍亂，史稱「愛爾蘭大饑荒」。

附錄

【染血的馬鈴薯】

我要種我愛吃的！
我才不相信你!!!
吃了馬鈴薯會放屁!!

1940 年代，俄國政府頒布法令強制農民拿出土地種馬鈴薯。出於對政府和馬鈴薯的不信任，約 30 萬人發起反抗，史稱「馬鈴薯暴動」。暴動導致大量傷亡，法令被廢，但馬鈴薯終於被俄國人接受了。

【馬鈴薯大不同】

馬鈴薯種植至今，已經有上千個品種，而且特點各異。例如：英國的 Maris Bard，口感酥軟；法國的 Vitelotte，不但皮肉呈紫色，味道還很鮮美；美國的 Russet Burbank，因為澱粉含量高且顆粒粗，很適合烘焙和炸薯條。

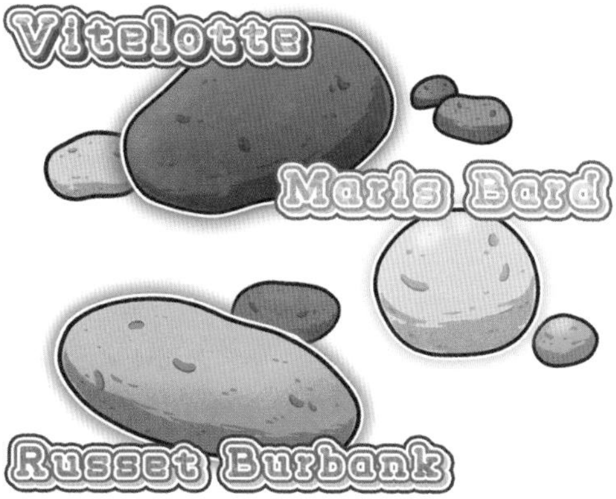
Vitelotte
Maris Bard
Russet Burbank

另外就是

由於許多因素，馬鈴薯在離開南美洲後一度被很多國家無視。但事實上，整個歐洲乃至全世界能有今天，馬鈴薯功不可沒。聯合國糧食及農業組織（FAO）的資料顯示，除了富含澱粉，馬鈴薯裡還含有鉀、維生素C、鐵和鈣等營養成分。而且同樣面積的土地，馬鈴薯產量是水稻和小麥的好幾倍。也就是說，馬鈴薯不僅富含營養，還能養活更多人。從十六世紀末到十九世紀初，愛爾蘭人幾乎只靠馬鈴薯就實現了人口的快速成長。近年來，有經濟學家進一步研究認為：馬鈴薯的到來對於亞、非、歐三個大陸的人口增長和都市化起到過至關重要的作用。僅以一七〇〇年到一九〇〇年這兩百年間為例，馬鈴薯的大規模推廣使三個大洲的人口增長了二五％至二六％，使都市化率增加了二七％至三四％。此外，有證據顯示馬鈴薯帶來的營養提高了當時人們的平均身高，改善了居民體質，為各地經濟的增長和生活改善打下了堅實的糧食基礎。

肥志與小黃

四格小劇場

【第6話　真不客氣】

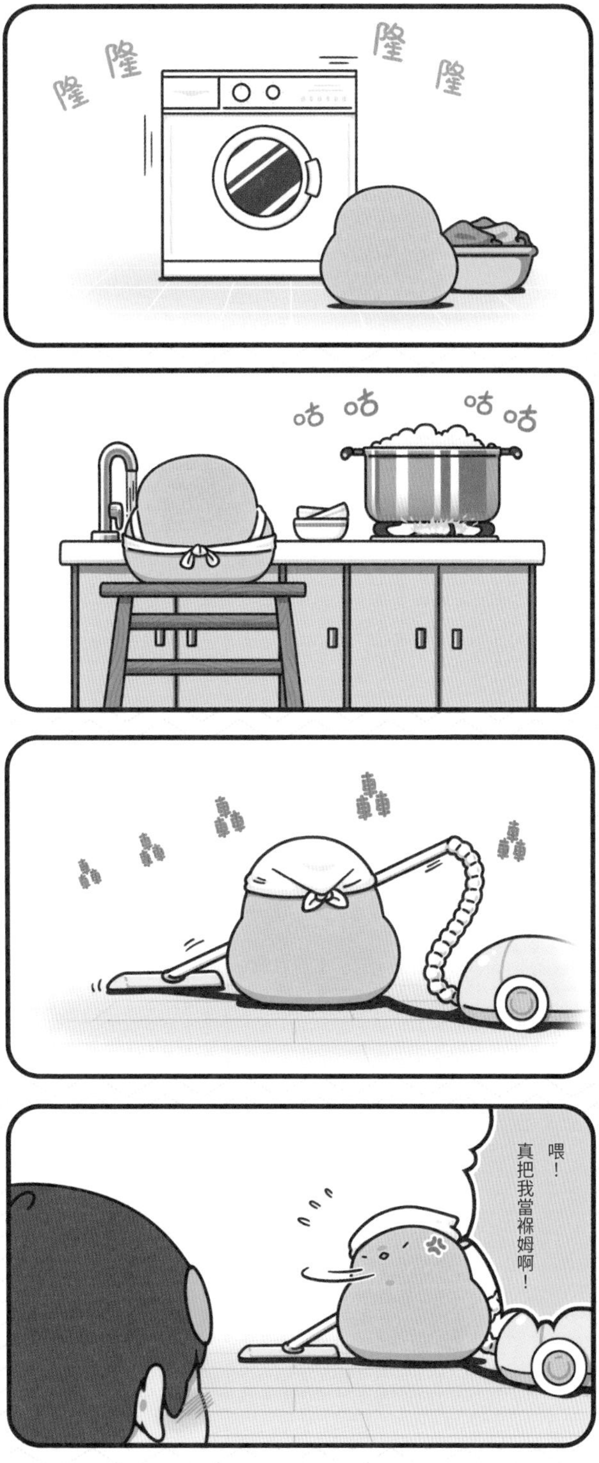
隆隆
隆隆
咕咕
咕咕
喂！
真把我當褓姆啊！

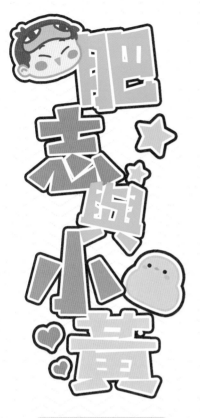

樂觀與勇敢

BE BRIGHT & BRAVE

FATCHI ENCYCLOPEDIA